Günter Helmes

Die *Titanic*

oder

„Der universelle Schiffsbruch der Welt"

(Montaigne)

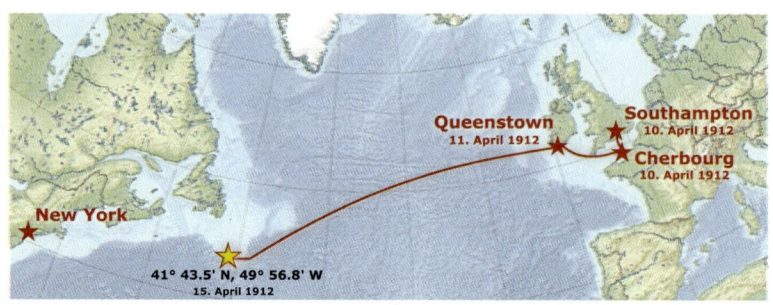

Verlauf der Jungfernfahrt: Der gelbe Stern markiert die Stelle des Untergangs.

Inhaltsverzeichnis

Die Titanic kurz nach dem Stapellauf.

Fertigstellung der Aufbauten (Frühjahr 1912).

Auferstanden aus den Wellen: Die Untote

> *„Auch eine Spielart der Zuversicht! / Wir glaub-*
> *ten damals noch an ein Ende, damals / (wann:*
> *›damals‹? 1912? 18? 45? 68?), / und das heißt:*
> *an einen Anfang. / Aber inzwischen wissen wir:*
> *Das Dinner geht weiter."*
>
> Hans Magnus Enzensberger

„Trumptanic": Vom Verlassen dieses ‚Schiffs' war vor nicht allzu langer Zeit in den Medien jenseits und diesseits des Atlantiks die Rede, als sich Anhänger vom am 3. November 2020 abgewählten US-Präsidenten Donald Trump abwandten. Gewiss, Sprachbilder von Schiff und Meer sind schon seit der Antike nicht nur fester Bestandteil des Redens über den Menschen und sein Leben, sondern auch über Staat und Politik. Viele in Deutschland dürften beispielsweise John Tenniels Karikatur „Dropping the Pilot" über die Entlassung Bismarcks durch Kaiser Wilhelm II. vor Augen haben, die unter der irreführenden Übersetzung „Der Lotse geht von Bord" bzw. „Der Lotse verlässt das Schiff" am 23. März 1890 in der auf den 29. März datierten Ausgabe des berühmten britischen Satiremagazins *Punch* erschien.

Doch einmalig ist es, dass nicht ein Schiff als solches oder ein imaginiertes ‚Schiff' wie die rettende, in Kirchensymbolik eingegangene Arche zum Bildspender für politisches, gesellschaftliches und menschliches Geschehen geworden ist, sondern ein ganz konkretes Schiff – die obendrein in einer Katastrophe endende *RMS Titanic* nämlich. Und dies nicht allein in unterschiedlichen Künsten und Medien, sondern auch in unterschiedlichen Kulturen, zu sehr unterschiedlichen Zeiten, für unterschiedliche Adressatenkreise und zu unterschiedlichen Verwendungszwecken. Deutlich mehr als 100 Jahre sind seit jenem 15. April 1912 vergangen, als die *Titanic* auf ihrer Jungfernfahrt von Southampton nach New York aufgrund einer Kollision mit einem Eisberg gegen 2:20 Uhr ca. 300 Seemeilen südöstlich von Neufundland im Nordatlantik versank. Dennoch pflügt das elegante Schiff wie unberührt und unter Volldampf durch die Denk- und Phantasiewellen ungezählter Menschen weltweit.

Von dieser ungeheuren Popularität und Deutungsvielfalt über viele Jahrzehnte hinweg, der man massenkulturell nur wenige Produkte wie etwa „Coca Cola" und hochkulturell nur Figuren wie beispielsweise „Hiob", „Maria" oder „Don Juan" zur Seite stellen kann, zeugt heute Vielerlei: Eine längst unüberschaubar gewordene Anzahl an Texten belletristischer, dramatischer, essayistischer, feuilletonistischer, nautischer, ingenieurswissenschaftlicher, politischer, philosophischer, soziologischer oder kommentierender Art in Print- und Onlineform; ein ‚Berg' an musikalischen, bildkünstlerischen und fotografischen Arbeiten; eine erschlagende Vielzahl an Dokumentar- und Spielfilmen für Kino und Fernsehen; viele Ausstellungen kleineren und größeren Stils mit aus der *Titanic* geborgenen Exponaten; diverse Museen wie das „Museum Titanic Belfast", das „SeaCity Museum" in Southampton und das „Titanic Museum" in Branson, Missouri (USA); Grabsteine auf verschiedenen Friedhöfen in Halifax; eine ganze Reihe von Denkmälern und Gedenkstätten in Cobh (Queenstown), Belfast, Glasgow, Liverpool, New York City, Southampton und Washington D. C.; ungezählte national wie international agierende Vereine und Gesellschaften diverser Größe und Qualität; last but not least vermutlich in die Zehntausende gehende Verwendungen des Namens Titanic in allen möglichen (alltags-)kulturellen Zusammenhängen – man denke in deutschsprachigen Zusammenhängen etwa an das Satiremagazin *Titanic*, den DEFA-Dokumentarfilm *Letztes Jahr Titanic* (1991) und an eine kaum zu überschauende Anzahl an Titanic-Puzzles, -T-Shirts, -Tassen und und und.

Unter dem (Un-)Stern eines entfesselten Verdrängungswettbewerbs: Wissenswertes rund um die *Titanic*.

„Solange wir miteinander konkurrieren, werden wir aneinander krepieren."

Unbekannt

Der Passagierdampfer *RMS Titanic* mit dem Heimathafen Liverpool gehört zusammen mit der *RMS Olympic* und der *HMHS Britanic* (2) – ursprünglich sollte diese einmal *Gigantic* heißen – zur *Olympic-Klasse* der britischen Reederei White Star Line. Vorgesehen ist die *Olympic-Klasse*, deren Name wie diejenigen der Schiffe der griechischen Mythologie entstammt und ein kulturelles, sakral angehauchtes Maximum zum Ausdruck bringen soll, für den inklusive Liegezeiten drei Wochen beanspruchenden Nordatlantik-Linien- und Postverkehr zwischen Southampton und New York mit Zwischenstopps in Cherbourg und Queenstown bzw. Plymouth und Cherbourg.

Die als zweites Schiff gebaute *Titanic* wird am 1. August 1908 bei der Werft Harland & Wolff in Belfast in Auftrag gegeben und am 31. März 1909 unter der Registriernummer 131428 und der Baunummer 401 auf Kiel gelegt. Exakt vierzehn Monate später, am 31. Mai 1911, läuft sie unter den Augen von 100.000 Schaulustigen und mit Hilfe von 22 Tonnen Seife und Schmiermittel vom Stapel, dem Tag, an dem ihr zuvor am 16. Dezember 1908 unter der Baunummer 400 auf Kiel gelegtes Schwesterschiff *Olympic* an die Reederei übergeben wird. Als die *Titanic* am 2. April 1912 in Dienst gestellt wird, löst sie, deren Abmessungen exakt denjenigen des Schwesterschiffs gleichen, dieses dem umbauten Raum nach als größtes Schiff der Welt ab. Die *Olympic* wiederum hat zuvor das Turbinen getriebene „Royal Mail Ship" *RMS Mauretania* als größtes Schiff der Welt abgelöst – als schnellstes Schiff auf der Transatlantik-Route Europa-New York wird diese aber bis 1929 das berühmte Blaue Band innehaben –, die zusammen mit deren Schwesterschiff und Vorgängerin *RMS Lusitania* der britischen Cunard Line gehört und einschlägigen Gewinn einfährt.

Die Cunard Line ist schon vor der Jahrhundertwende zusammen mit der französischen CGT (Compagnie Générale Transatlantique) und den deutschen Norddeutscher Lloyd und HAPAG (Hamburg-Amerikanische Packetfahrt-Actien-Gesellschaft) ein maßgeblicher Konkurrent der White Star Line im prestigeträchtigen, angeheizten Kampf um Marktanteile am Transatlantikverkehr gewesen. Der provoziert hinsichtlich Größe, Geschwindigkeit, Ladekapazität, Komfort und Sicherheit Schlag auf Schlag immer neue technische Spitzenleistungen. So wird die *Olympic-Reihe*, deren drittes Schiff *Britannic* aufgrund des Ersten Weltkriegs am 26. Dezember 1915 nicht wie geplant als Passagierschiff, sondern als „Her Majesty's Hospital Ship" (HMHS) in Dienst gestellt wird, bereits 1913 an Größe durch die *Imperator-Reihe* der HAPAG abgelöst. Deren Schiffe *Imperator*, *Vaterland* und *Bismarck* geraten, ebenfalls durch den Ersten Weltkrieg, in die Hände der Reedereien Cunard, United States Lines und White Star Line und werden fortan unter den Namen *RMS Berengaria*, *Leviathan* und *RMS Majestic* betrieben.

Die *Olympic-Reihe* und mit ihr die *Titanic* wird seit 1907 vom Geschäftsführer der White Star Line Joseph Bruce Ismay und dem Direktor der Harland & Wolff-Werft Lord William James Pirrie geplant und von den Schiffskonstrukteuren Alexander Carlisle, Thomas Andrews und Edward Wilding entworfen. Dabei wird viel Wert auf Ladekapazität, Ausstattung und Sicherheit gelegt. Hinsichtlich der Anzahl an Rettungsbooten kann sich der Konstrukteur Carlisle allerdings nicht durchsetzen.

Oberstes Ziel ist nicht wie bei Cunard Reisegeschwindigkeit – deren Schiffe sind um ca. 3 Knoten schneller als die der White Star Line –, sondern Luxus pur in der Ersten Klasse. Der stehen bei der *Titanic* nahezu alle Aufbauten und ein erheblicher Teil des mittleren Rumpfes zur Verfügung. Hier gibt es u. a. auserlesene, mit edelsten Materialien aufwartende Suiten, verschwenderisch ausgestattete Salons, Cafés und Speisesäle, ein „À la Carte"-Restaurant, Bibliotheken, einen Gymnastikraum, eine Squashanlage, eine äußerst großzügige, durch den James Cameron-Spielfilm *Titanic* (1997) berühmt gewordene Freitreppe mit einer Glaskuppel, ein beheiztes Schwimmbecken, ein Türkisches und ein Elektrisches Bad sowie ein für die Erste Klasse reserviertes Promenadendeck.

Angestrebt wird aber auch ein bislang noch nicht dagewesener Komfort in der Zweiten und in der Dritten Klasse. In dieser Dritten Klasse schläft man beispielsweise nicht wie bislang in Schlafsälen, sondern in über drei Decks verteilten Kabinen mit Hoch- und Doppelbetten für maximal acht Passagiere. Man hat zudem einen offenen Deckbereich sowie einen Aufenthalts- und einen Raucherraum.

Schließlich ist es Ismay und Pirrie wichtig, den Schiffen auch äußerlich ein ästhetisch vollkommenes, symmetrisches Aussehen zu verleihen. Deshalb vor allem bekommen die Schiffe nicht nur auch achtern einen Mast, sondern werden auch als einzige je gebaute Dampfschiffe mit vier ca. 19 Meter hohen Schornsteinen ausgestattet. Dabei ist der vierte, hintere Schornstein bloße Attrappe: Über ihn und nicht wie sonst üblich über unschöne Hutzen wird die Abluft aus den Maschinen- und Küchenräumen nach außen geleitet.

Die Schiffe der *Olympic*-Baureihe sollen in der Lage sein, den Atlantik in sieben Tagen zu überqueren, um so gemeinsam wöchentlich je eine Passage in beide Richtungen vorhalten zu können. Dazu bedarf es, bei einer um bis zu ca. vier Knoten höheren Maximalgeschwindigkeit, einer Reisegeschwindigkeit von ca. 21 Konten (ca. 39 Stundenkilometer). Für diese Reisegeschwindigkeit der 269,04 Meter (Lüa) langen, 28,19 Meter

(Büa) breiten, 53,33 Meter hohen (Hüa) *Titanic* mit den weiteren Daten 53.147 Verdrängung, 46.329 Bruttoregistertonnen, 39.380 Tonnen Leermasse, 13.767 Tonnen Tragfähigkeit und maximalem Tiefgang von 10,47 Metern sorgen zwei Vierzylinder-Kolbendampfmaschinen und eine Niederdruck-Parsons-Turbine. Die wird genialer Weise mit dem Abdampf der Dampfmaschinen versorgt. Alle drei Maschinen zusammen geben ihre insgesamt ca. 51.000 PS – maximal stehen ca. 60.000 PS zur Verfügung – an drei Propeller-Schiffsschrauben ab, zwei äußere mit einem Durchmesser von 7 Metern und einem Gewicht von je 38 Tonnen und eine mittlere, von der Turbine betriebene von 5 Metern Durchmesser und einem Gewicht von 25 Tonnen.

Obwohl die *Titanic* mit diesen Daten maschinentechnisch deutlich hinter der *Mauretania* zurückbleibt, die mit 78.000 PS, vier Propellerschrauben und einer Maximalgeschwindigkeit von 28 Knoten aufwartet, hat ihr Antrieb dennoch den immensen Vorteil, dank nur schwacher Vibrationen im gesamten Schiff für deutlich mehr Komfort zu sorgen und vor allem auch wesentlich ökonomischer zu sein. Bei normaler Reisegeschwindigkeit verbraucht die *Titanic*, die über im Alltag nie alle zugleich betriebene 29 Kessel mit insgesamt 159 Feuerungen verfügt, am Tag „nur" 620 bis 640 statt gut 1000 Tonnen Kohle wie die *Mauretania*. Das ermöglicht ihr bei einer Bunker-Kapazität von 6700 Tonnen Kohle theoretisch allemal zehn Tage ununterbrochene Fahrt auf hoher See.

Auch in elektrischer Hinsicht kann die *Titanic* mit beeindruckenden Daten aufwarten. Für die in vielen Bereichen und Einrichtungen wie Küche, Schwimmbad, Gymnastikraum, Telefonsystem, Wegweiser, Heizung, Belüftung und Beleuchtung (10.000 Glühlampen!) benötigte elektrische Energie sorgen vier mit Dampf betriebene Generatoren mit einer Leistung von jeweils 400 Kilowatt.

Hervorzuheben ist zudem die hochmoderne, mit dem Rufzeichen MGY versehene Funktechnik der *Titanic*. Die gehört allerdings der Marconi International Marine Communication

Co. und wird von deren Angestellten Jack Phillips und Harold Bride betrieben. Bei Tage ist der umgangssprachlich „Maggy" genannte, offiziell nach dem italienischen Radiopionier, Unternehmer und Nobelpreisträger für Physik (1909) Guglielmo Marconi benannte Empfänger für eine Reichweite von 400 Seemeilen gut, nächtens sogar für bis zu 2000 Seemeilen.

Schließlich setzt auch das Sicherheitssystem der *Titanic* bzw. der *Olympic*-Baureihe Maßstäbe, auch wenn es über kein Alarmsystem verfügt und aus ursprünglich 48 geplanten Rettungsbooten – sogar 64 wären möglich gewesen – aus ästhetischen und personellen Gründen nur 20 auf dem der Ersten und der Zweiten Klasse vorbehaltenen obersten Deck installiert werden: zwei Notfall-Kutter an den Schiffsseiten für je 40 Personen in ausgeschwenkten Davits, 14 große Rettungsboote für je 65 Personen und vier Faltboote für je 47 Personen. Doch mit insgesamt 1178 Personen, die so im Notfall theoretisch gerettet werden können, übertrifft das Schiff die damaligen gesetzlichen Anforderungen immer noch um über 400 Plätze und gilt von daher als vorbildlich. Das gilt auch für die zwölf vollautomatisch schließenden Wasserschutztüren zwischen den insgesamt 16 Abteilungen des Schiffes, die als ein Wunder der Technik bestaunt werden. Sie lassen die Zeitschrift *The Shipbuilder* anlässlich der Jungfernfahrt der *Olympic* 1911 von „praktisch unsinkbar" sprechen. Diese Einschätzung scheint sich zu bestätigen, als die *Olympic* bereits im September 1911 schwer mit dem zum Rammstoß ausgelegten Bug des Kriegsschiffes *Hawke* kollidiert, doch trotz mehrere Quadratmeter großer Löcher nicht untergeht, sondern mit einer dreimonatigen, kostenintensiven Reparatur davonkommt. Die verzögert die Jungfernfahrt der *Titanic* um drei Wochen.

Die Große Treppe.

Kabine der Ersten Klasse.

Auf Jungfernfahrt in die Katastrophe: „Eisberg, direkt voraus!" (Frederick Fleet im Ausguck)

„Wir haben das Land verlassen und sind zu Schiff gegangen! Wir haben die Brücke hinter uns – mehr noch, wir haben das Land hinter uns abgebrochen! Nun, Schifflein! Sieh dich vor! [...] – es gibt kein »Land« mehr!"
Friedrich Nietzsche

Obwohl für gut 3500 Passagiere zugelassen, wird die *Titanic* nur für 750 Personen in der Ersten, 550 in der Zweiten und 1.110 Personen in der Dritten Klasse ausgerüstet. Bei ihrer am Mittag des 10. April 1912, einem Mittwoch, in Southampton beginnenden Jungfernfahrt unter dem Kommando von E. J. Smith, dem bekanntesten und bestbezahlten Kapitän seiner Zeit, kommt es noch im Hafen beinahe zu einem Zusammenstoß mit dem Heck der *New York*, das sich losgerissen hat.

An Bord der zum Verzehr u. a. ca. 160 Tonnen Lebensmittel, 1,5 Tonnen Tee und Kaffee und 12 m² Milch und Milchprodukte vorhaltenden, zudem mit unterschiedlichster Fracht und mit Post beladenen *Titanic* befinden sich neben ca. 900 Besatzungsmitgliedern – u. a. acht Offiziere inkl. Kapitän, 35 Ingenieure und Techniker, 167 Heizer, 33 Maschinenfetter, 324 Stewards und 18 Stewardessen – 951 Passagiere. In den nächsten 24 Stunden werden in den Stationen Cherbourg und Queenstown (heute Cobh) weitere 394 Passagiere an Bord gehen, 29 Passagiere hingegen, die nur die Passagen bis Cherbourg bzw. Queenstown gebucht haben, werden das Schiff verlassen. Insgesamt befinden sich zur Überfahrt nach New

York 325 Passagiere in der Ersten, 285 in der Zweiten und 706 Passagiere in der Dritten Klasse.

Als die *Titanic* am 11. April um 13:30 Uhr endgültig Richtung New York die Anker lichtet, ist sie mit 1316 Passagieren also nur gut zur Hälfte ausgebucht. Das hat verschiedene Gründe. Zum einen hat es damit zu tun, dass die *Titanic* den Abmessungen nach die *Olympic* ja nicht übertrifft und von daher als den Bruttoregistertonnen nach größtes Schiff der Welt dennoch keine Sensation darstellt. Zum anderen werden viele Interessierte durch einen seit dem 12. Januar anhaltenden Kohlestreik von einer Buchung abgehalten. Wie heute, sind auch damals selbst die Tickets für die Dritte Klasse mit gut 7 £ – andere Quellen sprechen von 15 £ – teuer, wenn man bedenkt, dass ein Arbeiter bei Harland & Wolff damals in einer 49 Stunden umfassenden Arbeitswoche 2 £ verdient. Andere potenzielle, auch finanziell potentere Kunden hingegen sind schließlich bereits zehn Monate zuvor bei der ausgebuchten, medial deutlich aufmerksamer verfolgten Jungfernfahrt des Schwesterschiffes *Olympic* dabei gewesen und wollen nicht noch einmal bis zu mehrere hundert britische Pfund – auch hier schwanken die Angaben verschiedener Quellen beträchtlich – für die Erste Klasse ausgeben.

Der Erlesenheit in der Ersten Klasse tut die verhaltene Auslastung, die auch mit etlichen kurzfristigen Stornierungen wie denjenigen des amerikanischen Botschafters in Frankreich Robert Bacon, des Bankiers J. P. Morgan und des Multimillionärs George W. Vanderbilt zu tun hat, allerdings keinen wirklichen Abbruch. Die Passagierliste verzeichnet mehrere Dutzend illustre Prominente der europäischen und der nordamerikanischen Gesellschaft aus unterschiedlichen Bereichen, darunter die Tennisspieler Karl Howell Behr und Norris Williams, die Frauenrechtlerinnen Elsie Bowermen und Molly Brown, der Stahlbaron Arthur Ryerson, der Kunstmaler Frank Millet, der Journalist und Spiritist William T. Stead sowie die Finanzmagnaten Benjamin Guggenheim, Isidor Straus mit Gattin Ida und John Jacob Astor IV mit Gattin Madeleine. Da alle drei zuletzt genannten Geschäftsmänner mit der *Titanic* untergehen werden, wird die New Yorker Börse nach Bekanntwerden ihres Todes für eine Woche schließen.

Die ersten Tage auf dem Atlantik verlaufen ruhig. Auch die Eiswarnungen, die gelegentlich per Funk eintreffen, irritieren nicht, da Begegnungen mit Eisfeldern und Eisbergen im April auf dieser Route nicht ungewöhnlich sind. Eaton und Haas liefern in ihrer prächtigen „Chronik in Texten und Bildern" *Titanic. Triumph und Tragödie* (2012) ein anschauliches Bild von diesen ersten Tagen: „In allen Klassen gingen die Tage gemütlich vorüber. Man las oder schrieb, lauschte den Konzerten des Schiffsorchesters, spielte Karten im Rauchsalon oder trieb Sport auf Deck. Es gab keine feste Routine, keine formellen Bälle oder Tanzveranstaltungen und keine öffentlichen Partys. Morgens, mittags und abends rief der Schiffshornist P. W. Fletcher die Passagiere zu den Mahlzeiten in die riesigen Speisesäle (532 Plätze in der 1. Klasse, 394 in der 2. und 473 in der 3. Klasse)." (S. 112 f.)

Dann Sonntag der 14. April 1912: Im Verlauf des Tages treffen vermehrt Warnungen vor Eisbergen ein, die allerdings Kapitän Smith nicht alle erreichen, zumindest nicht gleich. Gegen Abend sinkt die Außentemperatur auf 0 °C, auch die Wassertemperatur nähert sich dem Gefrierpunkt an. Weitere Warnungen deutlich ernsterer Natur treffen ein, erreichen aber die von den Offizieren Lightoller und dann Murdoch besetzte Brücke nicht – Funker Bride schläft ebenso wie Kapitän Smith, der leitende Funker Philipps ist mit der Übermittlung von privaten Passagiernachrichten an die an der südöstlichen Spitze Neufundlands gelegene Cape Race-Funkstation beschäftigt – oder werden wie die letzte gegen 22:55 Uhr von der in einem Eisfeld eingeschlossenen *California* als störende Einmischung empfunden. Gegen 23:40 Uhr dann prallt die *Titanic* südlich von Cape Race an der Position 41° 43' 55" N, 49° 56' 45" W – die liegt knapp 12 Seemeilen von der bei Funksprüchen angegebenen Position entfernt – mehrfach an einen erst eine halbe Minute zuvor gesichteten, auf 300.000 Tonnen geschätzten Eisberg. Dabei zieht sie sich 7 Meter unterhalb der Wasserlinie insgesamt sechs Lecks mit einer Gesamtfläche von knapp 1,2 m² zu, die die Vorpiek, Frachtraum 1 bis drei und die Kesselräume 6 und 5 betreffen. Murdoch selbst hat zwar den Hebel zum Schließen der wasserdichten Schotten umgelegt, doch hilft das angesichts der Schadensverteilung nicht. Kurz nach Mitternacht gegen 0:05 Uhr lässt Kapitän Smith, der nach kurzer Bestandaufnahme und Rücksprache mit dem Vorsitzenden von Harland & Wolff und Konstrukteur Thomas Andrews darum weiß, dass die *Titanic* zeitnah untergehen wird, das alte funktelegrafische Seenotsignal CQD ("An alle, Gefahr" bzw. "Schnell kommen, Gefahr" bzw. "Achtung, Notfall") senden. Später wird auf Anraten des Funkers Bride auch noch das seit dem 1. Juli 1908 offiziell eingeführte SOS (angeblich "Rettet unsere Seelen" bzw. "Rettet unser Schiff") gesendet.

Wikipedia

Der Eisberg, mit dem die *Titanic* mutmaßlich kollidierte. Das Foto wurde vom Chefstewart der *Prinz Adalbert* am frühen Morgen des 15. April 1912 aufgenommen, wenige Kilometer südlich der Stelle, an der die *Titanic* sank. Er wusste zu diesem Zeitpunkt noch nichts vom Untergang der *Titanic*, er entdeckte jedoch eine Spur von roter Farbe nahe der Wasserlinie und vermutete eine nicht lange zurückliegende Kollision mit einem Schiff.

Tod und Überleben auf der *Titanic*: Eine Klassen-, Geschlechter- und Altersfrage

„Zu sagen was ist, bleibt die revolutionärste Tat.“
Rosa Luxemburg

Zwei Stunden und vierzig Minuten später, am 15. April gegen 2:20 Uhr, versinkt die *Titanic* im an dieser Stelle gut 3800 Meter tiefen Atlantik. Dabei zerbricht sie noch während des Untergangs. 1514 Passagiere und Mannschaftsmitglieder verlieren auf dem Schiff oder im eiskalten Wasser treibend ihr Leben, nur 710 Menschen können gerettet werden. Diese werden kurz nach 4:00 Uhr von der aufgrund der Notsignale der *Titanic* zur Unglücksstelle geeilten *RMS Carpathia* aufgenommen und nach New York gebracht. Unter diesen Geretteten ist auch Joseph Bruce Ismay als einziger derjenigen, die wertvolle, professionelle Auskünfte über das Unfall- und Untergangsgeschehen hätten geben können. Ismay gibt später diese Auskünfte, sein Überleben aber ruiniert ihn gesellschaftlich.

Dass nur 710 Menschen gerettet werden können, hat auch damit zu tun, dass die Befüllung der Rettungsboote nicht reibungslos und zudem auf der Backbord- und auf der Steuerbordseite unterschiedlich verläuft. Sie orientiert sich außerdem an Praktiken, die damals beim Übersetzen auf ein bereits wartendes rettendes Schiff zur Anwendung kamen. Schließlich werden mit Schwimmwesten im Meer Treibende nur zum Teil in die Rettungsboote gezogen. So bleiben letztlich fast 470 Plätze in den Rettungsbooten ungenutzt.

Richtet man den Blick auf die 1514 Opfer – insgesamt 337 Leichen können einige Tage später an der Unfallstelle bzw. einige Wochen später in 108 Seemeilen Entfernung geborgen werden, davon werden 59 identifizierte in ihre Heimatländer überführt –, wird deutlich, dass Tod und Überleben auf der *Titanic* eine Frage der Klassen-, Geschlechter- und Alterszugehörigkeit sind. Das wird in den zeitgenössischen Kommentaren und späteren medialen Bearbeitungen durchgehend eine große Rolle spielen.

Von der Besatzung verlieren 77 % ihr Leben, 13 % der Frauen und 78 % der Männer. 82 % aller männlichen Passagiere werden angesichts der mehr oder minder streng beachteten Birkenhead-Regel „Kinder und Frauen zuerst" zu Opfern. Dabei sind es unter der Ersten Klasse 68 %, der Dritten Klasse 84 % und unter der Zweiten Klasse erstaunliche 92 % der Männer. Hoch ist die Opferzahl auch unter den Kindern. Sie beträgt 49 %, wobei keines der 24 Kinder aus der Zweiten Klasse ums Leben kommt, wohl aber 17 % der Erste Klasse-Kinder und 66 % der Dritte Klasse-Kinder. Unter den Passagierinnen gibt es mit 26 % die geringste Anzahl an Opfern. Hier gilt es allerdings zu beachten, dass 54 % der Dritte Klasse-Reisenden ihr Leben verlieren, hingegen nur 14 % der Zweite Klasse- und nur 3 % der Erste Klasse-Passagierinnen.

Aufs Ganze gesehen gehören 1224 oder knapp 81 % der insgesamt 1514 Opfer der Dritten Klasse oder der Besatzung an, 167 oder 11 % der Zweiten Klasse und 123 oder gut 8 % der Ersten Klasse. In dieser Ersten Klasse beträgt die Anzahl der Geretteten immerhin 61 %, während schon in der Zweiten nur noch 41 % überleben. Für die Dritte Klasse sind es dann gerade einmal 25 %, die mit dem Leben davonkommen, ein Wert, der nur noch von den 23 % der geretteten Besatzungsmitglieder unterboten wird.

Menetekel oder Ansporn: Zeitgenössische Untersuchungen, Debatten und Diskurse im Zeichen nationaler Interessen und internationaler Problemstellungen

„Hier auf Erden ist alles gefährlich, und alles ist notwendig."

Voltaire

Nach dem Untergang der *Titanic* geht es in ein- bzw. zwei Monate langen und insgesamt 179 Zeugen befragenden Untersuchungen in den USA und in England, in parlamentarischen Debatten wie derjenigen im deutschen Reichstag am 20. April 1912 und in der internationalen Presse- und Zeitschriftenlandschaft immer wieder ganz allgemein oder sehr konkret um die Konstruktion und technische Auslegung von Schiffen, um Sicherheitsvorkehrungen sowie um das Verhalten von Mannschaft, Passagieren und potenziellen Rettern. Damit sind auch übergeordnete, heutzutage nicht minder drängende Fragen wie die nach Technik und Fortschritt, nach dem Umgang mit Risiken und nach Zivilisation und Kultur angesprochen.

Vor allem die englische und die deutsche Presse bemühen sich am Vorabend des Ersten Weltkriegs angesichts sich weiter zuspitzender maritimer Rivalitäten mit enormem Aufwand darum, aus dem Untergang der *Titanic* nationales Kapital zu schlagen. Die deutsche Seite kontrastiert dabei gebetsmühlenartig deutsche Gründlichkeit, Zuverlässigkeit, Effizienz und Redlichkeit mit britischer Nachlässigkeit, Ineffektivität, Unfähigkeit und Gewissenlosigkeit. In den USA bemüht man sich zudem darum, aus dem Rettungsgeschehen – „Kinder und

Frauen zuerst" – Argumente gegen weibliche Emanzipationsforderungen abzuleiten.

Wer will, kann sich aber in der vor allem in Deutschland vielfältig ausgeprägten Presselandschaft auch über alle möglichen sonstigen Einzelheiten der *Titanic* technischer, administrativer, juristischer oder sozialer Art informieren oder sich an Klatsch und Erbauungsgeschichten vor allem über die Erste Klasse weiden. In seriösen Zeitschriften werden zudem Grundsatzüberlegungen angestellt, die nach den Ursachen technischer Katastrophen, nach Verantwortlichkeiten, nach Präventivmaßnahmen und quasi geschichtsphilosophisch ganz grundsätzlich nach „Wohin und Wozu und Für wen" fragen.

Unterm Strich ist es so, dass man deutlich mehrheitlich den Untergang der *Titanic* nicht als Menetekel oder Ausdruck von Hybris bewertet – das wird erst einige Jahre später der Fall sein. Vielmehr ist man entschieden der Ansicht, man solle in die die Risiken immer weiter reduzierende, auf Verbesserung und Perfektion zielende Kraft von Technik und Industrie vertrauen. Hätten nicht die telegrafischen Notsignale der *Titanic* über 700 Menschen das Leben gerettet? Freilich gehe es ohne Opfer nicht ab. Doch seien diese in Kauf zu nehmen – „navigare necesse est, vivere non est necesse" / „Seefahrt tut not, Leben tut nicht not", habe man schon in der Antike gewusst –, da sonst Stillstand und sogar Rückschritt drohten.

Rettungsversuche: Von Medienfluten getragen

> „»Jetzt bin ich aber gespannt«, sagte Graf
> Bobby, als er den dritten »Titanic«-Film sah
> (denn es gab deren mehrere), „»jetzt bin ich
> aber gespannt, ob's wieder untergeht, das fe-
> sche Schiff.«"
>
> *Gunter Groll*

Die *Titanic*-Katastrophe vor nunmehr fast 110 Jahren hat eine
Länder und Kontinente überspülende Sintflut an Berichten, Ab-
handlungen, literarischen Texten, Bildern, Filmen, Hörspielen,
Musik, Zeitschriften, Internetseiten usw. usf. ausgelöst. In diese
in der titanenhaften Absicht, in der sorglosen Hoffnung einzu-
tauchen, nach vollständiger Erforschung wieder an die Oberflä-
che schwimmen zu können, käme dem nur literarisch möglichen
Versuch gleich, wie in dem Zeitreise-Roman *Im Strom der Zeiten* von Jack Finney den Untergang der *Titanic* ungeschehen zu
machen. Auch hier hat sich das Augenmerk also aufs Überleben
zu richten, darauf, nicht blindlings in der übergroßen Material-
fülle zu ertrinken. Der Schlüssel zu diesem Überleben liegt, frei
nach Goethes *Das Sonett* (1800/1806) und dessen vorletzter
Zeile über wahre Meisterschaft, wie so oft in der Beschränkung.
Zwei bildliche Darstellungen aus dem Jahre 1912 prägen auf
lange Zeit die Rezeptionsmuster im deutschsprachigen Bereich:
Zum einen die in dem weitverbreiteten „Illustrirten Familien-
blatt" *Die Gartenlaube* veröffentlichte, eine Doppelseite füllende
Zeichnung *Untergang der Titanic* des von Wilhelm II. prote-
gierten Willy Stöwer (S. 31). Die erzählt u. a. wie die deutsche
Presse prononciert von britischer Leichtfertigkeit, Unfähigkeit,

Feigheit, Unmännlichkeit und Selbstsucht und ist somit ausgesprochen politischer Natur. Zum anderen das 8 ½ m² große Gemälde *Untergang der Titanic* von Max Beckmann (S. 34), das die Vielzahl der kulturkritischen Stimmen künftiger Jahrzehnte vorwegnimmt. Das Gemälde entwirft den Untergang als ein die Gegenwart symbolisierendes und damit auch den Betrachter betreffendes Chaos. Überlebenskampf pur ist angesagt, doch zeigt sich nirgendwo Halt oder Rettung. Ein kleines Stück Natur in Form eines mickrigen Eisbergs triumphiert über die zivilisatorische Höchstleistung *Titanic* und reißt den ins Archaische zurückfallenden Menschen ihre Kulturmaske herunter.

Um die Rettung der Kultur geht es, vorbereitet durch die Kulturkritik von Karl Jaspers, Ernst Jünger, José Ortega y Gassett und Oswald Spengler, Ende der 1930er-Jahre in den drei Romanen *Titanensturz* (1937) von Robert Prechtl, *Das blaue Band* (1938) von Bernhard Kellermann und *Titanic. Tragödie eines Ozeanriesen* (1939) von Josef Pelz von Felinau – der wurde 1943 von der zur Ufa gehörenden Tobis Filmkunst GmbH unter dem Titel *Titanic* (Herbert Selpin, Werner Klingler) und unter nationalsozialistisch-antibritischen Vorzeichen verfilmt, mehrfach verändert (1944, 1950) und auch zu einem Hörspiel (1950) umgearbeitet. Für Kulturverfall, Materialismus, Maximalismus und Nihilismus als Gegenspielern von Kunst, Kultur, Idealismus und Bildung wird in den Romanen vor allem Amerika bzw. der Amerikanismus verantwortlich gemacht. Der wird mit der *Titanic* symbolisch versenkt.

In den u. a. durch eine hohe Fortschrittsgläubigkeit und eine sich internationalisierende Unterhaltungsindustrie gekennzeichneten 1950er-Jahren spielt das Thema Alte Welt bzw. Europa als rückersehntes Ideal vs. Neue Welt bzw. Amerika als trügerisches Gegenbild weiterhin eine große Rolle. Es ist jetzt aber in das auf Persönliches und Privates zugeschnittene Leitthema „Rettet den Menschen!" eingebunden. Das ist beispielsweise in dem Hollywood-Film *Der Untergang der Titanic* (1953) von Jean Negulesco der Fall, der von einer transkontinentalen und damit auch transkulturellen Familienkatastrophe und deren

Auflösung handelt. Auch in dem zum internationalen Klassiker gewordenen und von Roy Ward Baker 1958 unter dem gleichen Titel verfilmten Buch *Die letzte Nacht der Titanic* (*A Night to Remember*, 1955) von Walter Lord geht es um den Einzelnen und dessen Handlungsmacht angesichts eines undurchschaubaren, alles bezwingenden Schicksals und einer in vielem fragwürdigen, von Bewährtem abgefallenen Gegenwart. Was sich unter diesen Bedingungen ereignet, ist nach Lords eigenen Worten eine „griechische Tragödie".

Solche Parallelen zur antiken Mythologie zieht Hans Magnus Enzensberger in seinem Dramentext *Der Untergang der Titanic* (1978) nicht. Ihm geht es in seinem virtuos alle Facetten des *Titanic*-Stoffs bespielenden Stück vielmehr darum, Untergang zwiespältig als politische Metapher für ein erhofftes Ende des Kapitalismus oder für die Verabschiedung von sozialistischen Hoffnungen zu lesen. Dabei legt sich Enzensberger auf keine der möglichen Lesarten fest und lässt es offen, ob eine Hoffnung auf Rettung der Menschheit berechtigt ist oder nicht.

Die sich darin zeigende Skepsis Enzensbergers oder gar den Pessimismus einiger kulturkritischer Positionen – Oswald Spenglers bekanntestes zweibändiges Werk trägt den Titel *Der Untergang des Abendlandes* (1918, 1922) – kennen andere Bearbeitungen der 1960er-Jahre ff. nicht. Im Zeichen des neuen High-Tech-Symbols Computertechnologie treten sie zur Rettung der Technik bzw. des Vertrauens in diese als dem Schlüssel für eine bessere, sicherere Welt an und versuchen, einen technizistisch ausgerichteten, die Zukunft betreffenden Optimismus zu verbreiten. Beispiele dafür sind die erste Folge *Rendezvous with Yesterday* (1966) der US-Science-Fiction-Serie *Time Tunnel* oder der fortschrittsgläubige US-amerikanische Spielfilm *Raise the Titanic!* (1980) von Jerry Jameson nach Clive Cusslers gleichnamigem Roman-Bestseller (1976), der noch im Erscheinungsjahr unter dem Titel *Hebt die Titanic!* auch auf Deutsch erschien. Ende der 1990er-Jahre mag allerdings nicht jeder mehr pauschal in die Computertechnologie vertrauen, erscheint sie doch in Teilen von archaisch-tödlicher, eben titanichafter Anfälligkeit zu sein. Was aber nützt alles Retten, sei es der Kultur, der Menschheit oder der Technik, wenn nicht – frei nach Paulus in *1. Korinther 13* – die Liebe gerettet wird?

Das ist in James Camerons Spielfilm *Titanic* (1997) der Fall, der selbst in vielerlei Hinsicht Ausdruck eines titanichaften Gigantismus ist. Der Film verknüpft in seiner Rahmenhandlung nicht nur Vergangenheit und Gegenwart miteinander. Ihm gelingt es auch, bisherige Zugriffe beispielsweise kultureller, mentaler, technischer oder ökonomischer Art so zu integrieren, dass alles auf das Liebes-Happy End am Filmende zugeschnitten ist: Die Heldin Rose, nunmehr eine alte Frau, darf sich nicht nur eine glanzvolle gesellschaftliche Anerkennung ihrer einst geächteten Liebe vorstellen, sie darf auch einen äußerst wertvollen Diamanten dem Meer überantworten, der als Symbol für die High Society auf der *Titanic* und menschliches Unglück heraufbeschwörenden Reichtum zu verstehen ist.

Wikipedia

Erster Offizier William M. Murdoch, Chefingenieur Joseph Evans, Vierter Offizier David Alexander und Kapitän Edward J. Smith auf der Brücke der *Olympic*, um 1912.

„Hebt die *Titanic*!": Das Auffinden des Wracks

„Es liegen schätzungsweise drei Millionen Schiffswracks auf dem Grund der Weltmeere, die Milliarden wert sind."

Faktastisch.net

Die *Titanic* wurde zwar nicht gehoben und nach New York geschleppt, wie das der Spielfilm *Raise the Titanic!* spektakulär ins Bild setzt. Doch wurde ihr Wrack am 1. September 1985 von den Teams der Ozeanographen Jean-Louis Michel und Robert Ballard in 3800 Metern Tiefe tatsächlich – gewiss ein Triumph modernster Technik – entdeckt. Im August 1986 wurde das Wrack erstmals von einer bemannten Expedition unter Ballard erkundet. Dabei wurden auch zahlreiche Gegenstände geborgen. Bei etlichen weiteren Expeditionen zum allmählich zerfallenden Wrack wurden bis heute mehr als 5500 Gegenstände und Wrackteile in einem geschätzten Wert von über 70 Millionen US-Dollar zu Tage befördert, darunter 1998 ein 17 Tonnen schweres Stück der Außenhaut. Am 15. April 1912, als sich der Untergang der *Titanic* zum 100. Mal jährte, wurde das Wrack in die Konvention zum Schutz des Kulturerbes unter Wasser der UNESCO aufgenommen, unter anderem wohl deshalb, weil es seit den frühen 2000er-Jahren auch einen freilich kostspieligen Tourismus zum Wrack gibt.

Das Wrack der *Titanic*, 2004.

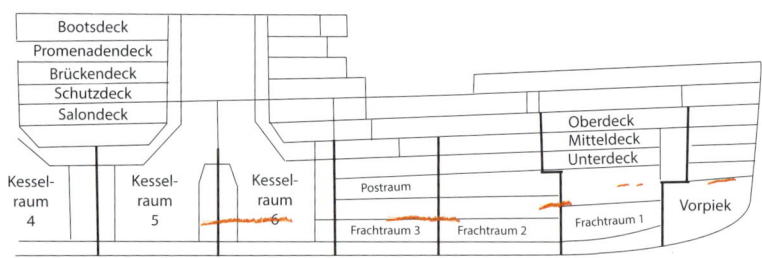

Bootsdeck
Promenadendeck
Brückendeck
Schutzdeck
Salondeck

Oberdeck
Mitteldeck
Unterdeck

Kessel-raum 4
Kessel-raum 5
Kessel-raum 6

Postraum

Frachtraum 3
Frachtraum 2
Frachtraum 1

Vorpiek

Die sechs Lecks der *Titanic*.

Populäre Irrtümer, Legenden und Trivia

„In Zeitungen und Enzyklopädien, auf Schulen und Universitäten, überall ist der Irrtum oben auf, und es ist ihm wohl und behaglich, im Gefühl der Majorität, die auf seiner Seite ist."
Johann Wolfgang von Goethe

- Der Untergang der *Titanic* als die berühmteste Schiffskatastrophe forderte keineswegs die meisten Opfer. Zivile Unglücke und gewaltsame Versenkungen zu Kriegszeiten wie die der *Wilhelm Gustloff* am 30. Januar 1945 mit 4000 bis 9300 Toten führten zu wesentlich mehr Opfern.
- Die ‚Begegnung' mit dem Eisberg führte nicht zu einem viele Meter langen und breiten Riss, sondern zu sechs Lecks mit insgesamt gerade einmal 1,18 m² Fläche.
- Bei dem Schottensystem der *Titanic* handelte es sich um keine Fehlkonstruktion.
- Die Manövrierfähigkeit der *Titanic* als einem reinen Passagierschiff wurde nicht durch ein zu kleines Ruder beeinträchtigt.
- Es wurde nicht wie von Robin Gardiner und Dan van der Vat in *Die Titanic-Verschwörung* (2001) behauptet versucht, Versicherungsgelder zu kassieren, indem man anstelle der *Titanic* deren bei einem Unfall im September 1911 schwer beschädigtes Schwesterschiff *Olympic* im Atlantik versinken ließ.
- Die *Titanic* sollte nicht das Blaue Band erobern, wie das Josef Pelz von Felinau und der nach seinem Roman (1939) entstandene antibritische *Tobis*-Propagandafilm *Titanic* (1943) behaupten. Von daher musste sie auch nicht rücksichtslos unter Volldampf fahren.
- Die zeitgenössische Öffentlichkeit war der nach heutigem

Wissen irrigen, doch lange Zeit kolportierten Ansicht, dass Joseph Bruce Ismay (Forderung nach erhöhter Geschwindigkeit), den diensthabenden Ersten Offizier William M. Murdoch (falsche Entscheidungen) und den Kapitän der *Californian* Stanley Lord (unterlassene Hilfeleistung) eine Schuld an der Katastrophe treffe.

- Der Abschlussbericht der britischen Untersuchungskommission irrte mit der Behauptung, die *Titanic* sei beim Untergang nicht auseinandergebrochen.
- Ob Erste Klasse-Passagiere sich tatsächlich Getränke mit Eisberg-Eis bestellt und sich zum Untergang eigens ‚in Schale geworfen' haben, ist nicht auszuschließen, doch nicht zweifelsfrei zu belegen.
- Das gilt auch für die Behauptung, die Schiffskapelle habe zum Schluss den in der englischsprachigen Welt häufig bei Begräbnissen angestimmten Choral „Nearer, My God, to Thee" gespielt. Richtig ist allerdings, dass die zu den Opfern zählende Schiffskapelle auf Anordnung der Schiffsführung lange Zeit Unterhaltungsmusik spielte, um eine schließlich doch ausbrechende Panik zu verhindern.
- Kaum zu bezweifeln ist die Aussage des Historikers und Schriftsellers Archibald Gracie, dass es sowohl Isidor als auch Ida Straus abgelehnt haben, ihr Leben durch die Wahrnehmung von Sonderrechten (Alter, Frau) zu retten.

Mythenbildende Kräfte: Warum die *Titanic*?

*„Kunst ist kein Abbild der realen Welt. Eine ist,
bei Gott, mehr als genug."*

Virginia Woolf

Trotz jüngerer Katastrophen wie „Tschernobyl", „Fukushima"
oder selbst „11. September" und Schiffskatastrophen mit
wesentlich mehr Opfern ist die *Titanic* zu einem singulä-
ren Medienmythos geworden. Das hat eine ganze Reihe verschiedener, ineinandergreifender und einander wechselseitig
verstärkender Gründe. Diese sind stets zusammen zu sehen.

Zum einen denkt die Menschheit schon seit alters her in
Bildern vom Meer, vom Hafen, vom Schiff, von der Überfahrt,
von der Insel, vom Untergang und dergleichen mehr über sich
selbst, ihr (Zusammen-)Leben, ihre Lebensumstände und die
Geschichte nach, sei es in Texten, in Gemälden und Zeichnun-
gen, in Noten oder später dann in Filmen.

Dann steht das Schiff als solches trotz Eisenbahn, Automo-
bil, ersten Fluggeräten, Telefon und anderem bis ins frühe 20.
Jahrhundert hinein allein aufgrund seiner unvergleichlichen
Größe, seiner Funktion für weltumspannende nationalpoliti-
sche, -ökonomische und militärische Ziele sowie seiner Prä-
senz in den Medien für technologische Höchstleistungen von
vorrangiger Bedeutung.

Das Unglück der *Titanic* ereignet sich zudem, ist von My-
thenbildung die Rede, zu einem ausgezeichneten Zeitpunkt
und auf vorteilhafte Art und Weise: Einerseits liegen 1912
als solche sehr seltene Schiffsunglücke mit mehr als tausend
Toten bereits 8 (*General Slocum*) bzw. 47 Jahre (*Sultana*) zu-
rück, betreffen ‚altmodische' Raddampfer, die ‚nur' auf Flüs-
sen unterwegs sind und werden durch Brände und nicht durch

die Natur als ‚Opponent' von Zivilisation und Kultur ausgelöst. Zum anderen steht mit dem Ersten Weltkrieg die „Urkatastrophe des 20. Jahrhunderts" (George F. Kennan) mit ungleich größeren, technisch bewerkstelligten Verlusten an ungezählten Tagen noch bevor. Und die Explosion der *Mont Blanc* im Hafen von Halifax/Kanada (1917), dem Bestattungsort vieler *Titanic*-Opfer, mit über 1.900 Toten betrifft ein Munitionsschiff und kein Passagierschiff.

Weiterhin ist daran zu erinnern, dass der mythenträchtige Eindruck entstehen kann, die *Titanic* und deren Schicksal sei schon in dem verblüffende Parallelen aufweisenden Roman *Futility, or the Wreck of the Titan* (1898) von Morgan Robertson vorweggenommen worden, ihr Untergang sei also vorherbestimmt gewesen und zeuge von daher von der Erfüllung einer Vision.

Doch bietet auch die *Titanic* selbst genügend Stoff für eine lange Medienkarriere. Sie ist nun einmal seinerzeit dem ‚Paket' von Abmessungen und umbautem Raum nach das größte Schiff der Welt, hat mit zeitgenössischen ca. 1,5 Millionen Sterling (£) ungeheuer viel gekostet, wird in den Medien als unsinkbar gehandelt, steht unter dem Kommando eines berühmten Kapitäns – und geht dennoch unter, und das auch noch ausgerechnet auf ihrer Jungfernfahrt. Größer kann ihre Fallhöhe – Sinktiefe wäre hier der passendere Begriff – gar nicht sein.

Mit dem Stichwort „Fallhöhe" (Charles Batteux) wird schon auf die dramen- und tragödiengerechten Eigenschaften der *Titanic* verwiesen. Für Dramen bzw. Tragödien hatte schon Aristoteles in seiner *Poetik* die Einheit von Raum, Zeit und Handlung im Sinn. Dieser Einheit kann mit der *Titanic* als begrenztem Ort, ihrem Untergang in begrenzter Zeit und dem um Rettung kreisenden Geschehen bestens entsprochen werden.

Und dann sind die drei Reiseklassen hervorzuheben, die die *Titanic* anbietet und die reale Klassenverhältnisse abbilden. Von daher lassen sich an der *Titanic* neben philosophischen Studien diverser Art auch solche soziologischer, ökonomischer und politischer Art betreiben. Sie eignet sich aber auch zum eher voyeuristischen Blick ‚durchs Schlüsselloch‘, richte sich dieser nun auf ‚die da ganz unten‘ oder ‚die da ganz oben‘.

Schließlich ist darauf hinzuweisen, dass bis auf Joseph Bruce Ismay kein sachkundiger Informant den Untergang überlebt hat und es auch keine fotografischen Aufnahmen von diesem Untergang gibt. Dieses Manko hat paradoxerweise von Beginn an dazu beigetragen, dass Gerüchten, Spekulationen, Phantasien, Fehlinformationen, Unwahrheiten, Theorien etc. Tür und Tor geöffnet wurden. So konnte ein nicht abreißen wollendes Bebildern, Fabulieren und Vertonen einsetzen, dem es um Sinn- und Bedeutungszuschreibungen oder um nationale, politische oder ökonomische Interessen ging.

AKG 8146369

Willy Stöwer, *Untergang der Titanic* (1912). Illustrationsauftrag für *Die Gartenlaube* Nr. 19, 1912.

THE WRECK OF THE "TITANIC" : *On the Tragic Sunday Night of April 14.*

Mr. W. T. Stead
The well-known writer

The Purser of the "Titanic"
Mr. McElroy

The Wireless Operator
Mr. Jack Phillips

Mr. Christopher Head
Former Mayor of Chelsea

Mr. Hay
Manager Grand Trunk Railway

Mr. Daniel Marvyn
Mrs. Daniel Marvyn
A wealthy young American couple

Captain Edward J. Smith, R.N.R.
Commanded many famous White Star liners including the *Britannic*, *Germanic*, and *Majestic*. Later he was commissioned the *Baltic* and *Adriatic*, and was then transferred to the *Olympic* and finally to the *Titanic*.

Mr. Isidor Straus

Mr. Bruce Ismay

Mr. and Mrs. Astor

SOME NOTED PASSENGERS ON THE ILL-FATED VESSEL   SOME NOTED PASSENGERS ON THE ILL-FATED VESSEL

On Monday morning the early editions of the evening papers startled London with the brief but dramatic words, "Titanic sinking." The newsboys carried these portentous posters hither and thither, but it was difficult for those whose eyes fell upon the message to realise at once its full import. The vessel had certainly come near to being involved in a collision as she left Southampton owing to the suction of her big propellers drawing the *New York* from her moorings, but after that the short journey to Cherbourg and on to Queenstown, whence she left on Thursday, had been successfully accomplished. The vessel sped westward with her 2,143 passengers and her 3,000 mail bags, and the shipping world was awaiting the announcement of a successful voyage when out of the darkness of Sunday night came the brief message that the giant vessel, the largest in the world, had struck an iceberg and was in need of immediate help. This message was received by the Marconi station at Cape Race together with the "S.O.S." danger signal—known as the "save our souls" signal by the opera-

tors. After then at intervals came conflicting messages. It was only known with certainty that the disabled liner was in lat. 41° 16' long. 50°14' west and that other liners—the *Carpathia*, *Virginian*, *Parisian*, and the sister ship, *Olympic*—were hurrying to the scene. At first it was understood that all passengers and crew had been saved, but this proved to be incorrect. An official message from the *Olympic* stated that the *Carpathia* had arrived upon the scene of the wreck and found only forty tons of wreckage. This statement disposed of the previous telegrams to the effect that several vessels had been alongside the ill-fated ship after her collision with the iceberg. It was felt that some sudden catastrophe must have occurred which prevented the vessel making her way to Halifax. The only passengers rescued appeared to be on board the *Carpathia*, which was making straight for New York through the ice field. The number of saved appears to be about 868. This gives the appalling total of 1,275 persons missing, and there is now little hope that any of that number have been saved.

Bulkhead Arrangements on the "Titanic"

HOW THE "TITANIC" WAS DIVIDED INTO SIXTEEN TRANSVERSE COMPARTMENTS *By courtesy of "Engineering"*

In the construction of the hull of a liner the watertight bulkhead plays an important part indeed. The Titanic had sixteen transverse watertight bulkheads extending from the double bottom to the middle deck, and at its highest point to the upper and saloon decks. There were as few doors as possible, all operated upon the new system installed by Messrs. Harland and Wolff. These doors were electrically controlled from the bridge with a lighted telltale on the bridge. The doors also have a bad device, which according to Board of Trade orders must be installed in every passenger ship.

Und die Moral von der Geschicht'?

Steht denn, wie der Haupttitel dieses Heftes mit dem französischen Philosophen und Essayisten Montaigne behauptet, die *Titanic* für den „universellen Schiffbruch der Welt", dann sollten wir einem weiteren Franzosen Gehör schenken, dem Mathematiker, Physiker, Autor und Philosophen Blaise Pascal. Der hat uns schon vor mehr als dreihundertfünfzig Jahren zugerufen: „Vous êtes embarqués" / „Sie sind an Bord" bzw. „Ihr seid eingeschifft".

In dieser Welt, zumal der globalisierten, können wir niemals bloßer Zuschauer sein. Vielmehr sind wir immer, direkt oder auf Umwegen, gleich oder später, auf der Brücke, als Passagier oder im Maschinenraum, notwendiger Weise involviert, sind Betroffene.

Max Beckmann, *Der Untergang der Titanic*, 1912, Öl auf Leinwand, 265 × 330 cm.

Literatur, Malerei, Musik, Medien (Auswahl)

Es werden nur Quellen aufgeführt, die im Text nicht genannt werden.

Belletristik

Max Dittmar-Pittmann, Ein Menschenalter auf dem Meere, Berlin, Leipzig 1926.

Günther Krupkat, Das Schiff der Verlorenen, Titanic-Roman, Berlin 1965.

Sachbuch

Robert D. Ballard, Rick Archbold, Das Geheimnis der Titanic. 3800 Meter unter Wasser, Berlin 1987 (The Discovery of the Titanic, 1987).

Steven Biel, Down with the old Canoe: A cultural History of the Titanic Desaster, New York, London 1996.

Günter Helmes, Der Untergang der Titanic – Modellkatastrophe und Medienmythos, in: Gerhard Paul (Hrsg.), Das Jahrhundert der Bilder, Band 1: 1900 bis 1949, Göttingen 2009, S. 124–131.

Der Untergang der „Titanic". Eine wahrheitsgetreue Schilderung des größten Schiffsunglücks und seiner Ursachen. Nach Berichten von geretteten Augenzeugen, Leipzig 1912, mit weiteren historischen Abbildungen wieder Darmstadt 2012.

Joachim Kahl, Faszination Titanic – Philosophische Anmerkungen zu einem Jahrhundertmythos, in: Aufklärung & Kritik, Nr. 1, 1999, S. 135–144.

Werner Köster, Thomas Lischeid (Hrsg.), Titanic. Ein Medienmythos, Leipzig 1999.

Fotobände

Daniel Klistorner, Steve Hall u. a., Titanic in Photographs, Cheltenham 2011.

Malerei

Ken Marschall, zahlreiche Bilder der *Titanic*.
Norman Wilkinson, Titanic Desaster, 1912.

Musik

Gavin Bryars, The Sinking of the Titanic, Orchesterwerk, 1969.
Wilhelm Dieter Siebert, Der Untergang der Titanic, Oper, 1979.
Meredith Willson, The Unsinkable Molly Brown, Musical, 1960.
Maury Yeston, Peter Stone, Titanic – Das Musical, 1997.

Film und Fernsehen

James Cameron, Die Geister der Titanic (Ghosts of the Abyss, 2003).
Ciará Donelly, Titanic – Blood and Steel (zwölfteilige Fernsehserie, 2012).
Titanic sinks in real Time, Animationsfilm, Darstellung des Untergangs in Echtzeit, https://www.youtube.com/watch?v=rs9w5bgtJC8.
William Hale, S. O. S. Titanic (1979).

Weblinks

https://commons.wikimedia.org/wiki/Category:Monuments_and_memorials_to_the_Titanic_(ship,_1912)?uselang=de.
https://commons.wikimedia.org/wiki/RMS_Titanic?uselang=de.
https://de.wikipedia.org/wiki/Olympic-Klasse.
https://de.wikipedia.org/wiki/RMS_Lusitania
https://de.wikipedia.org/wiki/RMS_Mauretania
https://de.wikipedia.org/wiki/RMS_Titanic.
https://www.encyclopedia-titanica.org.